SUR

LA MALADIE ACTUELLE
DES VERS A SOIE

SA CAUSE

ET LES MOYENS PROPRES POUR LA COMBATTRE

PAR

M. A. BÉCHAMP

[illegible author affiliation line]

MONTPELLIER

[illegible publisher line]

1867

SUR

LA MALADIE ACTUELLE

DES VERS A SOIE

SA CAUSE

ET LES MOYENS PROPOSÉS POUR LA COMBATTRE

PAR

M. A. BÉCHAMP

Professeur de chimie à la Faculté de médecine de Montpellier

Extrait de la *Revue scientifique* du MESSAGER DU MIDI

MONTPELLIER

IMPRIMERIE TYPOGRAPHIQUE DE GRAS

1866

LA MALADIE ACTUELLE

DES VERS A SOIE

SA CAUSE

ET LES MOYENS PROPOSÉS POUR LA COMBATTRE

31 octobre 1866.

Académie des sciences. — Sur l'innocuité des vapeurs de créosote dans les éducations de vers à soie, par M. Béchamp. (*Comptes rendus*, 18 juin 1866.) — Nouvelles études sur la maladie des vers à soie, par M. Pasteur. (*Ibid.*, 23 juillet 1866.) — Recherches sur la nature de la maladie actuelle des vers à soie, par M. Béchamp. (*Ibid.*, 13 août 1866.) — Observations au sujet d'une Note de M. Béchamp, relative à la nature de la maladie actuelle des vers à soie, par M. Pasteur. (*Ibid.*, 20 août 1866.) — Recherches sur la nature de la maladie actuelle des vers à soie, et plus spécialement sur celle du *corpuscule vibrant*, par M. Béchamp, (*Ibid.*, 27 août 1866.) — Recherches sur les corpuscules de la pébrine et sur leur mode de propagation, par M. Balbiani. (*Ibid.*, 27 août 1866.) — Réponse aux observations faites par M. Pasteur au sujet d'une Note relative à la nature de la maladie actuelle des vers à soie, par M. Béchamp. (*Ibid.*, 3 septembre 1866.) — Observations relatives à cette communication, par M. Pasteur. (*Ibid.*) — Remarques à propos d'un récent mémoire de M. Pasteur, intitulé : *Nouvelles Études sur la maladie des vers à soie*, par M. Joly.

(*Ibid.*, 10 septembre 1866.) — Remarques à propos des idées émises par M. Béchamp au sujet de la maladie actuelle des vers à soie, par M. Joly. (*Ibid.*, 24 septembre 1866.) — Note sur la maladie des vers à soie, par M. Achard. (*Ibid.*) — Observations relatives à la réponse de M. Pasteur au sujet de sa Note concernant la maladie actuelle des vers à soie, par M. Béchamp. (*Ibid.*, 1er octobre 1866.) — Sur le siége initial du corpuscule vibrant et sur la théorie du traitement de la pébrine, réponse à M. Joly, par M. Béchamp. (*Ibid.*, 22 octobre 1866.)

Réponses aux questions posées par la commission centrale de sériciculture, par M. A. Jeanjean (*Messager agricole du Midi*, 5 septembre 1866.) — Enquête séricicole : Réponses aux questions posées par la commission centrale, par M. E. de Plagnol ; brochure in-8. — Examen critique du Mémoire de M. Pasteur, de l'Institut, ayant pour titre : *Nouvelles Études sur la maladie des vers à soie*, par M. le professeur N. Joly. — Quelques mots à propos des idées récemment émises par M. Béchamp au sujet de la maladie actuelle des vers à soie, par le même ; brochure in-8.

I

Il faut qu'une question soit encore bien obscure pour qu'elle ait donné lieu, dans moins de quatre mois, à autant de travaux et de discussions passionnées. Quoiqu'il soit délicat, pour l'un de ceux qui ont pris part à ces vifs débats, de venir résumer le travail d'autrui, surtout lorsque autrui a attaqué et que l'on se défend, que le lecteur ne craigne rien, nos articles passés sont un sûr garant de notre impartialité future. Cependant, comme il s'agit ici d'une question d'où dépendent tant d'intérêts, il y aura à discuter des opinions individuelles souvent contradictoires; on le fera avec urbanité, mais avec franchise, en tâchant de les ramener à l'unité que nous avons en vue, savoir : la guérison de l'une des formes de la maladie actuelle des vers à soie qui, surtout, fait de si grands ravages.

Il y a un an, on exposait, ici même, les travaux qui venaient d'être accomplis sur la grave question agricole qui préoccupe si vivement plusieurs départements du Midi. Un savant distingué venait de publier son premier travail (25 septembre 1865). M. Dumas, dans son rapport au Sénat (9 juin 1865), avait posé la question avec cette clarté et cette hauteur de vues qui caractérisent ses œuvres. Ces deux pièces renferment en germe le point de départ des contradictions actuelles.

Depuis 1858, et lorsque l'Académie des sciences s'était occupée des maladies des vers à soie, un grand nombre de savants se sont mis à étudier cet objet. Aujourd'hui tout le monde est d'accord que l'une des formes des maladies actuelles, celle qui occasionne le plus de désastres, quelle qu'en soit la cause et l'origine, est caractérisée par de petits corps microscopiques, de forme ovale, animés d'un mouvement de balancement ou d'oscillation qui leur a fait donner le nom de corpuscules oscillants ou vibrants. Ces corpuscules ont été vus par MM. Filippi, Osimo; étudiés par MM. Vittadini, Cornalia, Ciccone, Quatre-

fages, Lambruschini, Plagniol, Joly, etc., et par
tous ceux qui, depuis une dizaine d'années, se
sont mis à étudier la maladie qui a successivement envahi toutes les contrées séricicoles. Pour
les découvrir dans les œufs, on écrasait ceux-ci
sur le porte-objet du microscope, dans une goutte
d'eau. Pour en démontrer la présence dans le ver,
on piquait ou disséquait celui-ci, et l'on regardait
au microscope la préparation obtenue. Tout le
monde a noté que c'est surtout dans le ver déjà
vieux, dans la chrysalide et le papillon, qu'on les
rencontre en plus grande abondance. On pensait
que le corpuscule ne siégeait que dans l'œuf et
dans le ver.

Mais que signifie la présence des corpuscules
vibrants dans les œufs, dans la chenille, dans la
chrysalide, dans le papillon? Pas autre chose, si
ce n'est que, œufs, ver, chrysalide, papillons,
sont malades.

Quelle est la cause de la maladie? On ne le
sait.

Quelle est l'origine du corpuscule vibrant? On
n'en dit rien; les plus osés pensent qu'il est le
produit de la maladie dont il est le signe pathognomonique.

Quelle est la nature de ces mêmes corpuscules?
Les opinions varient. Pour M. Ciccone, ils seraient des éléments organiques du ver à soie,
qui se développeraient surtout au moment de la
métamorphose en nymphe ou chrysalide. Cette

opinion est évidemment fondée sur le fait à peu près constant que c'est surtout dans cette période de la vie de l'être que les corpuscules pullulent. Pour M. Chavannes, ils seraient des cristaux d'urate ou d'hippurate d'ammoniaque. Pour M. Lebert, ils sont des végétaux microscopiques. Pour M. Morren, des vibrions, ou quelque chose d'analogue. Pour M. Guérin-Méneville, des hématozoaires, c'est-à-dire des animalcules vivant dans le sang.

Ainsi sur l'origine des corpuscules vibrants dans le ver à tous les âges et dans ses métamorphoses ; sur la question de savoir s'ils sont l'effet ou la cause de le maladie ; sur leur nature, on ne trouve rien de précis dans les auteurs, tant la question était obscure. Une seule chose est pensée par à peu près tout le monde : c'est que le corpuscule oscillant est le signe le plus certain de la maladie.

Une opinion aussi était repoussée à peu près unanimement : c'est que la maladie pourrait bien être parasitaire, ainsi que cela découlait de la manière de voir de MM. Lebert, Morren et Guérin-Méneville.

Quoi qu'il en soit, on en était arrivé, conformément à l'opinion dominante, à penser que, pour se procurer de bonnes graines, il fallait faire les grainages par couples isolés, afin de pouvoir séparer les graines saines des malades. MM. Mitifiot et Chavannes, pour s'assurer de la qualité de la graine, examinaient celles-ci d'une façon particulière (la couleur au sixième jour après la ponte), en même temps qu'ils recherchaient le signe de la maladie, le prétendu hippurate d'ammoniaque, dans le papillon, etc.

Les choses étaient à peu près dans cette situation, lorsque M. Dumas, dans son rapport au Sénat, a résumé l'état de la question dans les termes suivants :

« La maladie du ver s'observe à toutes les phases de sa vie : œuf, ver, chrysalide, papillon ; elle peut se manifester dans tous les organes. D'où vient la maladie ? On l'ignore. Comment s'inocule-t-elle ? On ne le sait. Mais son invasion se reconnaît à des tâches brunes ou noirâtres, qui se voient à l'œil nu, et par des corpuscules vibrants, qu'on observe au microscope dans les tissus tachés et dans les liquides qui les baignent. La production de ces corpuscules ou de ces animalcules microscopiques, envisagée au point de vue de leur origine, nous ramène aux mystères de la génération des êtres. Leur propagation nous rejette dans les incertitudes qui entourent l'apparition des épidémies, des épizooties et de la plupart des maladies contagieuses ou transmissibles par voie d'hérédité....... Les études auxquelles on s'est livré depuis quelques années en France et en Allemagne ont jeté un jour inattendu sur la génération des parasites, souvent microscopiques, qui vivent aux dépens des ani-

maux peu volumineux. Leur transmission d'un
être à l'autre, par des œufs ou spores d'une ténuité extrême et d'une diffusion prodigieuse, a été
constatée. On a mis hors de doute que des maladies mortelles pour l'homme, les animaux et les
plantes, n'avaient souvent pas d'autre cause, ni
d'autre origine. C'est tout un monde nouveau qui
s'est ouvert aux méditations et aux études de la
science de la vie et de l'art de guérir. »

Dans une communication faite à la Société centrale d'agriculture de l'Hérault, le 6 juin 1855,
j'épousais l'opinion qui veut que la maladie soit
parasitaire, et je proposais un moyen de traitement fondé sur cette notion et sur une théorie
que je développe dans mes études sur les fermentations.

Bien que M. Dumas n'ait pas formellement
exprimé son opinion touchant la nature de la
maladie et celle du corpuscule vibrant, néanmoins
onvoit facilement que la tendance générale des
passages du rapport de l'illustre sénateur, que
j'ai rapportés, va vers l'hypothèse que la maladie
est parasitaire et que le parasite n'est autre que
le corpuscule vibrant. Cette conviction pénétra,
dès lors, d'autant plus avant dans mon esprit. Les
descriptions que j'avais lues, les faits observés, ne
m'avaient pas permis d'hésiter ; mais, enfin,
l'opinion qui me parut ressortir de l'écrit d'un
savant illustre fit une telle impression sur moi
que je voulus, quoique étranger à de semblables

recherches, qui sont plus spécialement du ressort des naturalistes, essayer, sur la pébrine et sur les corpuscules vibrants , la théorie que mes recherches sur les fermentations ont développée. Je me convainquis de plus en plus que le corpuscule vibrant est un parasite végétal, un ferment plus ou moins analogue à ceux que j'étudie depuis dix ans.

Tel était l'état des choses lorsque M. Pasteur a publié son premier travail. L'impression que l'on éprouve à sa lecture, c'est qu'il fortifie l'opinion des savants qui pensent que le corpuscule vibrant est le signe le plus certain de la maladie et un produit de cette maladie.

Mais, pour apprécier équitablement la portée de l'œuvre d'un auteur, il faut s'attacher autant aux idées qui l'ont guidé qu'aux faits de son observation. Ordinairement il existe une étroite liaison entre les idées qui sont une vue *à priori* et l'interprétation des faits observés.

Il m'a paru que, pour M. Pasteur, la maladie actuelle est une maladie constitutionnelle à peu près analogue à la phthisie : « Si l'on réunissait dans un même lieu une foule d'enfants nés de parents malades de la phthisie pulmonaire, ils grandiraient plus ou moins maladifs, mais ne montreraient qu'à des degrés et à des âges divers les tubercules pulmonaires, signe certain de leur mauvaise constitution. Les choses se passent à peu près de même pour les vers à soie. » Il est vrai que, dans une note, l'auteur ajoute : « Je désire, toutefois, que l'on sache bien que je parle en profane, lorsque j'établis des assimilations entre les faits que j'ai observés et les maladies humaines. » Il était naturel, dès lors, que, s'étant demandé quelle pouvait être la nature du corpuscule vibrant, le savant chimiste répondît : « J'aurais désiré pouvoir traiter ici de la nature des corpuscules, mais ce sujet mérite des observations plus étendues que celles que j'ai pu faire. Cependant je me hasarde à dire que mon opinion présente est que les corpuscules ne sont *ni des animaux, ni des végétaux* (opinion déjà émise pour la première fois par M. Ciccone ; c'est M. Pasteur qui en avertit), mais des corps plus ou moins analogues aux granulations des cellules cancéreuses ou des tubercules pulmonaires. Au point de vue d'une classification méthodique, ils devraient être rangés plutôt à côté *des globules du pus ou des globules du sang,* ou bien encore des *granules d'amidon,* qu'auprès des *infusoires* ou des *moisissures.*

Ce point de vue admis, pour se procurer des œufs reproducteurs de vers sains, et régénérer les races, « le moyen consistera à isoler au moment du grainage chaque couple mâle et femelle », et, après la ponte, on ouvrira le mâle et la femelle isolés pour y découvrir les corpuscules. Les œufs provenant d'un père et d'une mère corpusculeux tous les deux seront considérés comme malades; ceux dont le père et la mère sont privés de corpuscules seront considérés comme sains.

Cette année, la conviction de M. Pasteur est entière; le point vif de son raisonnement et de ses observations, « c'est que le papillon sain est le papillon non corpusculeux; par suite, que la graine vraiment saine est celle qui provient de papillons non corpusculeux, et que l'on peut trouver, dans la connaissance de ce simple fait, le salut de la sériciculture ». Et, sur la question de savoir si les corpuscules sont des parasites ou non, l'auteur n'a pas varié: « On serait bien tenté de croire, quand on songe surtout que les corpuscules ressemblent beaucoup à des spores de mucédinées, qu'un parasite analogue à la muscardine a envahi les chambrées, et que telle est la source du mal. Ce serait une erreur. » Si la poussière que l'on recueille dans les chambrées est chargée de corpuscules, « c'est parce qu'il y a eu dans l'éducation beaucoup de vers corpusculeux morts dans les litières, pourris, desséchés, et que les corpuscules de leurs cadavres et de leurs déjections s'étaient disséminés partout. » Les corpuscules sont, en somme, des organites qu'il faut ranger dans la catégorie des corps réguliers de forme, incapables de se reproduire, que la physiologie reconnaît, tels que les globules du pus, les globules du sang, etc. En un mot, un ver devient corpusculeux comme un homme devient tuberculeux. Le corpuscule n'est qu'une transformation des éléments histologiques ou anatomiques du bombyx à tous les âges.

Le procédé de grainage proposé dans le mémoire de cette année est, au fond, le même que celui de l'année dernière, mais rendu plus pratique. Comme il m'a semblé qu'on l'a mal reproduit dans certaines publications, je vais le décrire d'après l'auteur. Voici en quoi il consiste : une chambrée est à son terme ; il s'agit de savoir si l'on doit faire grainer, et si, en toute sécurité, on pourra compter sur la graine que fourniront les papillons de la chambrée. Pour cela, on prend au hasard quelques bouquets de bruyère portant ensemble deux à trois cents cocons, et on les porte dans un lieu de quelques degrés plus chaud que la chambrée. Dans ces conditions, les papillons sortiront quelques jours plus tôt et on pourra les examiner avant les autres. L'accouplement et la ponte étant accomplis, on coupe les ailes des papillons, que l'on rejette, et l'on broie tout le corps dans un mortier avec deux ou trois gouttes d'eau, puis on examine au microscope une goutte de la bouillie. Si les papillons sont en majorité privés de corpuscules, on conclura que la graine sera bonne et qu'on peut faire grainer toute la chambrée, si on le désire. Dans le cas contraire, on saura qu'il faudra étouffer les cocons.

Le mémoire contient encore quelques observations d'un ordre secondaire, mais ce qui précède suffit pour faire comprendre la portée pratique et théorique de ce grand travail.

II

M. Joly, qui partage au fond les idées fondamentales de M. Pasteur, a fait du travail de cet académicien une très-vive critique, dont je ne donnerais que difficilement une idée. J'aime mieux y rechercher les opinions particulières de l'auteur. Le savant professeur de la Faculté des sciences de Toulouse s'était déjà occupé, en 1862, de la maladie régnante des vers à soie. Il pensait alors, comme M. Pasteur aujourd'hui, *que l'absence des corpuscules dans un ver ou dans une graine ne prouve pas que ce ver ou cette graine ne soient pas malades.* L'étude de la graine, bonne en soi, n'éclaire donc pas suffisamment l'éducateur. C'était aussi l'opinion de M. Cornalia, qui disait : « Certainement les œufs qui se montrent déjà riches de corpuscules sont condamnés, mais on ne saurait *peut-être* regarder comme bons tous ceux qui en sont exempts. » M. Joly est si bien convaincu que des œufs non corpusculeux ne doivent pas être considérés comme sains, qu'il supprimerait sans hésitation, aujourd'hui, le mot « peut-être » employé dans la phrase de M. Cornalia. Cette conviction avait été puisée dans l'expérience suivante : De la graine magnifique, provenant de vers à soie élevés dans les Hautes-Pyrénées , et depuis vingt-cinq ans exempte de toute maladie, qui n'avait offert aucun des corpuscules vibrants regardés comme un signe certain d'infection, fournit cependant des vers dont plusieurs, à la montée et même dans le quatrième âge, se montrèrent malades et finirent par succomber. Or, en examinant au microscope leur sang, leurs déjections et le contenu du canal digestif, on n'y découvrit aucun corpuscule oscillant, mais, en revanche, un nombre considérable d'animalcules infusoires, décrits sous le nom de *Vibrio aglaiæ.* Des graines de Smyrne et de Valachie, qui *avaient paru excellentes,* donnèrent des vers qui contenaient à la fois des bactéries (vibrions) et des corpuscules vibrants nombreux.

Des longues études qu'il a faites, M. Joly a conclu, entre autres choses, que le procédé de M. Cornalia, pour reconnaître l'infection des graines, est d'une utilité incontestable. Celles qui contiennent des corpuscules vibrants sont condamnées ; mais ne pourra être considérée comme absolument bonne celle qui n'en contiendrait point. Quant à la signification de la présence de ces corpuscules dans le ver ou l'œuf, elle n'est autre que de montrer que le ver ou l'œuf sont malades, car ils sont l'*effet* et non la *cause* de la maladie (M. Joly l'appelle protéiforme) qui ravage nos magnaneries. En eux-mêmes, ces corpuscules sont très-probablement de vrais produits morbides, *nés spontanément* au sein des tissus animaux.

Mais que sont ces vrais produits morbides nés spontanément au sein des tissus animaux ? L'auteur n'admet pas, avec M. Ciccone, que les corpuscules vibrants soient des éléments organiques du ver à soie, propres. à une période déterminée de son existence, celle de la métamorphose en nymphe, et dangereux seulement lorsque leur production est trop abondante ; mais il m'a paru que le savant auteur ne se prononce pas autrement sur leur nature. Toutefois, après avoir rapporté l'opinion de M. Pasteur, pour qui le corpuscule est une production qui n'est ni végétale, ni animale, incapable de reproduction et comparable aux globules du pus ou du sang, il s'écrie : « Qu'est-ce qu'une production qui n'est ni végétale, ni animale, si ce n'est un minéral ? Si c'est un minéral, ce n'est pas un *organite*. Et puis peut-on, en bonne physiologie, assimiler ces productions, de nature ambiguë, mal déterminée, aux globules du sang, par exemple, de nature évidemment animale, vivants, sans aucun doute, etc. ? » Tout cela ne nous dit pas ce que M. Joly pense de la nature du corpuscule vibrant, qui n'a certes rien de plus ambigu, ni de plus mal déterminé qu'une spore de végétal microscopique quelconque, de la levûre de bière par exemple, dont, comme nous le verrons, il possède certaines propriétés. M. Joly nous dit bien que M. Pasteur attribue l'origine du corpuscule vibrant à la transformation du tissu cellulaire qui entoure et pénètre les divers organes du ver à soie ; mais il croit, au contraire, que tous les liquides, tous les tissus de l'insecte, notamment le tissu adipeux, prennent part à leur formation, puisqu'ils se retrouvent partout dans le ver, la chrysalide ou le papillon. Mais l'assertion de l'un et l'autre savant manque de preuves.

Sur la question de savoir comment la maladie se propage, l'accord n'est pas plus grand entre les deux auteurs. Là ou l'un ne voit aucun mystère, l'autre pense que tout est mystérieux. «M. Pasteur croit, dit M. Joly, que la maladie se propage par voie d'hérédité et quelquefois par voie de contagion accidentelle, et qu'il est donc bien probable qu'il n'y a rien de mystérieux ni dans la maladie, ni dans ses causes », et M. Joly ajoute : « Il le dit, mais son travail ne le prouve pas. »

Mais, si M. Joly n'a rien voulu nous dire de plus que ce qui précède, sur la nature et l'origine des corpuscules vibrants, il est d'un autre côté franchement convaincu que le *Vibrio aglaiæ* (qu'il a « le premier, croit-il, signalé et décrit », et qui existe principalement chez les vers dits *laiteux* ou *restés petits,* qui sont sur le point de mourir) est le fruit d'une *génération spontanée,* au sein même de l'organisme en décomposition. Nous voilà ramenés à notre sujet ; pour M. Joly, le ver devient malade on ne sait comment, ni pourquoi, et alors ses tissus et les liquides qui les baignent se transforment spontanément, sans autre incitation, en corpuscules, que l'on peut trouver seuls, ou accompagnés du *Vibrio aglaiœ,* lequel naît par voie de génération spontanée.

M. Joly est d'accord avec M. Pasteur lorsqu'il affirme que le papillon sain est le papillon non corpusculeux, et que la graine vraiment saine est celle qui provient de papillons non corpusculeux. Seulement, si M. Joly reconnaît ce principe comme exact, il le prétend vieux comme la sériciculture. Mais une objection au procédé de grainage de M. Pasteur, à laquelle je ne me serais pas attendu, c'est la difficulté de reconnaître le corpuscule. M. Pasteur a mille fois raison : une fois que l'on a vu ce petit organisme, il est impossible de le méconnaître, même quand on n'est pas micrographe de profession comme M. J. de Seynes, dont M. Joly invoque le témoignage.

On voit facilement, maintenant, quel est le genre d'accord qu'il y a entre les deux savants dont je viens de résumer les études. Tous les deux admettent d'abord que les vers deviennent malades; ils sont atteints de diathèse corpusculeuse, bactérieuse; puis, à un moment donné, cette diathèse passe à l'acte, et la maladie apparaît avec son signe pathognomonique, le corpuscule ou le vibrion, ou tous les deux à la fois. Dans l'un et l'autre cas, corpuscules et bactéries sont, pour M. Joly, « un signe de mort très-prochaine, car leur présence annonce la décomposition, ou du moins l'altération profonde des tissus, quelquefois même la fermentation putride des aliments dont le ver s'est nourri. »

C'est la vue de cet accord apparent et de cette opposition en même temps, qui se manifestent dans les idées des deux savants, qui me fait dire volontiers avec M. de Plagniol : « Je crains pour mon compte qu'une erreur ne soit commise, et que les conclusions tirées à la suite ne fasssent école, étant patronnées par M. Pasteur. La question se trouverait refoulée au lieu d'avancer ; elle deviendrait plus embrouillée qu'auparavant, et on n'en sortirait plus. »

Que l'on réfléchisse bien sur les faits que connaissent tous les sériciculteurs. On sait que la maladie n'a pas éclaté tout à coup, mais qu'elle s'est propagée peu à peu et de proche en proche. On en voit la preuve dans les deux remarquables réponses de M. Jeanjean et de M. de Plagniol dans l'enquête séricicole. Lorsque chez nous le mal parut sans remède, on alla chercher la graine dans les pays étrangers où la maladie n'avait point encore paru. Or des graines saines, provenant de parents sains, donnèrent lieu à une progéniture infectée, et M. de Plagniol, répondant à la question : « Quelle a été la marche de l'invasion ? » a indiqué d'un point de vue élevé la progression envahissante du fléau. « On ne peut, dit ce savant sériciculteur, on ne peut préciser de réponse à cette question, en raison des documents qui manquent, si l'on considère un petit

2

ensemble de pays; mais, si la question s'élargit et qu'on considère l'Europe entière, on trouve que la maladie marche de l'Occident à l'Orient. Les pays de plaine sont les premiers atteints, les pays montagneux résistent longtemps, quelques-uns conservent encore leurs races quoique peu atteintes. La maladie paraît repoussée vers l'O-rient par les vents de l'Océan formant le grand courant qui part du golfe du Mexique et bat les côtes occidentales d'Europe; les vents opposés ont moins d'action; témoin les graines de vers à soie qui nous arrivaient de la Dordogne saines jusqu'en 1862, et les graines du Portugal, qui sont les seules qui paraissent encore non complète-ment être atteintes. L'an passé (1865) quelques-unes de ces dernières graines ont donné plus d'un quintal par once; ce sont encore aujour-d'hui, comme ensemble, celles qui se présentent le mieux et les plus saines. — En 1851, l'Italie n'est pas encore attaquée et fournit des graines saines à la France, qui s'y approvisionne dans le Milanais jusqu'en 1853, en Toscane jusqu'en 1857 et même 1859. En 1857, le fléau s'étend en Prusse et en Illyrie. En 1861, la Macédoine com-mence à être affectée, les Odmich succombent, ainsi que toutes les graines de Turquie et d'Asie mineure. Les Bucharest, protégées par les Bal-kans, résistent encore en 1863, pour ne rien valoir l'année suivante. Le Caucase est sain jusqu'en 1864, époque où les graines ne valent plus rien,

et à ce moment il n'y a peut-être dans l'Orient
que le Japon, isolé au milieu des flots, qui ne
soit pas encore atteint. »

Voilà le fait général : sur une immense étendue, les vers sains, les œufs sains qui en proviennent, donnent successivement lieu à des insuccès croissants. Et si l'on prend pour exemple
des stations particulières, les résultats sont les
mêmes. Si une localité a été longtemps préservée,
sans cause apparente, elle est atteinte à son tour.
M. Jeanjean nous apprend que « cette année
(1866), d'après les résultats des essais précoces,
on peut signaler comme paraissant encore saines
des graines de M. Blondin, à Vitteau (Côtes-d'Or),
et de Mme Gautherin, à Cry (Yonne) » ; mais sa
confiance n'est pas absolue, car il ajoute : « Nous
ignorons si depuis 1865 l'épidémie n'a pas envahi
ces chambrées. » M. Jeanjean est donc convaincu
que des parents sains, producteurs d'œufs néces-
sairement sains d'après la théorie, ne suffisent
pas pour garantir l'avenir de la sériciculture.
C'est aussi ma conviction ; en effet, si des vers
non encore malades, fournissant par conséquent
des graines non suspectes, n'offrent aucune ga-
rantie durable, comment veut-on que des œufs
provenant de parents élevés parmi des vers malades, sans doute malades eux-mêmes, selon les
auteurs qui admettent que la maladie est constitutionnelle, diathésique et précédant l'invasion
du corpuscule, puissent nous fournir un moyen
de régénérer nos races ?

Le fait qui paraît le mieux constaté, c'est que, sans que l'on sache pourquoi, les chambrées les plus saines deviennent malades, sont envahies par la pébrine. D'autre part, il est également avéré que, lorsque dans une chambrée se trouvent des vers déjà atteints de pébrine, le mal s'aggrave plus rapidement, et, choses remarquables, l'aération la plus parfaite, les soins de propreté les plus grands, l'éducation dans les chambrées accumulées, ou les éducations par petites quantités et isolées, voire même celles que l'on a tentées à l'air libre, rien n'y fait: le mal ne se propage pas moins.

M. de Quatrefages l'a constaté lui-même dans les Cévennes. « Des trois vallées étudiées en 1858, dit-il, deux, celles de Valleraugue et de St-André, présentent des conditions générales à peu près identiques; celle du Vigan diffère de l'une et de l'autre par sa composition géologique aussi bien que par sa disposition orographique. Toutes trois sont à des hauteurs différentes au-dessus du niveau de la mer. Les climats et l'époque des éducations varient dans la même proportion. Entre les deux premières et la troisième, *on trouve ainsi réunies presque toutes les conditions différentielles qu'on a regardées comme pouvant agir sur le développement du mal*, et pourtant, dès 1849, *toutes trois ont été frappées à la fois*, toutes trois ont présenté dans leur envahissement progressif des circonstances identiques. »

» M. Eugène Robert et Guérin-Méneville ont

conduit, pendant plusieurs années, dit M. Jean-jean, à Sainte-Tulle (Basses-Alpes), un atelier ventilé selon la méthode exacte de M. d'Arcet, et parfaitement organisé. Cependant la muscardine d'abord, et plus tard la pébrine, ont envahi l'atelier et contraint ces habiles sériciculteurs à abandonner leurs expériences. »

« M. Robinet, l'auteur distingué du *Manuel de l'éducation des vers à soie*, dirigeait à Poitiers, c'est encore M. Jeanjean qui nous l'apprend, avec les plus grands soins, une éducation de vers à soie, et, d'après M. de Quatrefages, cet atelier était déjà, dès 1841, envahi par la pébrine. A Poitiers, le mal naît pour ainsi dire dans la magnanerie de M. Robinet, et couve pendant plusieurs années. On le voit même diminuer en apparence, pour reparaître plus fort et mieux caractérisé. Le journal de M. Robinet, tenu jour par jour, ne peut laisser aucun doute à cet égard. »

Quelle est l'explication de tant de faits si bien constatés? Les auteurs, nous l'avons vu par ce qui précède, n'ont pas tenté de la donner. M. Dumas seul me paraît l'avoir signalée dans une partie de son rapport au Sénat que j'ai rapportée.

III

Il est démontré, par une expérience malheureusement trop longue, que toutes les tentatives faites jusqu'ici pour arrêter le mal présent ont échoué. Il est démontré aussi que des papillons sains, donnant de la graine saine, ne garantissent pas davantage contre la propagation de la maladie. Il suffit de lire les deux remarquables publications de M. Jeanjean et de M. de Plagniol, pour apprécier et l'étendue du mal et l'inutilité des moyens qui ont été proposés pour l'enrayer. Il m'avait paru qu'il fallait entrer dans une nouvelle voie, tenir pour faux les principes sur lesquels est fondée l'opinion dominante, tenir pour vrai ce qu'elle tient pour erroné. Les réponses des deux savants sériciculteurs n'ont fait que me confirmer de plus en plus dans ma manière de voir.

Les opinions dominantes, nous l'avons vu, consistent toutes à admettre, à des points de vue divers, que le corpuscule vibrant n'est qu'un effet de la maladie, n'en constitue que le signe pathognomonique, ce qui revient à dire qu'il y a une maladie corpusculeuse d'abord sans corpuscule, comme on peut être phthisique sans tubercules; mais que, par le progrès de la maladie, les corpuscules se développent dans le ver, comme les tubercules se développent chez l'homme. Ce point de vue admis, il était naturel de ne regarder le corpuscule que comme un élément histologique plus ou moins comparable aux globules du tubercule pulmonaire, aux globules du pus, etc. Sans doute, on a affirmé ces choses sans donner des preuves, sans s'assurer si l'analogie que l'on

formulait si carrément était réelle, sans examiner
si cette analogie était confirmée par l'examen
chimique du produit pathologique qui, dans le
ver à soie pébriné, serait le corpuscule. Non, cet
examen n'a pas été tenté; on a soutenu sans
preuves (il faut bien le dire, puisque nous vou-
lons arriver au vrai, et que, pour y arriver, il
faut connaître les causes de l'erreur commise)
que le corpuscule n'est ni végétal, ni animal, n'est
qu'une production accidentelle, plus ou moins
comparable aux productions que la physiologie
reconnaît sous le nom d'organites, incapables de
reproduction, etc.

Je le répète, le point de vue qui me paraît le
vrai est exactement l'opposé de celui qui a guidé
le plus grand nombre des savants qui se sont oc-
cupés de ce grave sujet.

J'ai admis que la maladie n'est pas constitutionnelle ; que le corpuscule, loin d'être l'effet de
la maladie, en est, au contraire, la cause. J'aurais mauvaise grâce de le dissimuler, malgré les
faits que j'ai signalés et que je regardais comme
démonstratifs. Le point de vue que la maladie
est parasitaire, et le corpuscule un parasite, a
été attaqué et réfuté par M. Joly, qui a dit :
« L'auteur de ce travail est en opposition formelle
avec les idées de M. Pasteur, et même, il faut
bien le dire, avec toutes les idées généralement
reçues au sujet du rôle des corpuscules. »

Je ne sais quelle sera la destinée de mes efforts,

mais je puis assurer que c'est seulement après y
avoir regardé de très-près, après avoir vérifié et
contrôlé toutes mes observations, que je me suis
hasardé de publier, depuis le 18 juin dernier,
successivement les notes qui figurent au som-
maire de cette revue. Jamais un expérimentateur
n'a le droit d'affirmer qu'il ne s'est pas trompé et
que ce qu'il annonce sur un sujet est le dernier
mot de la science, surtout quand il s'agit de
points encore trop obscurs de la physiologie.
Cette témérité, je ne l'ai pas eue ; mais je suis
certain que les faits sur lesquels je me fonde sont
d'accord avec les principes qui entrent de plus
en plus dans le domaine de la physiologie ra-
tionnelle, et dans le sens rigoureux des travaux
contemporains touchant la génération des tissus,
des organismes microscopiques et des parasites.
Sur ce dernier point, ma confiance est absolue,
et je serais heureux de la voir partagée. Si je me
suis trompé, je me serai trompé avec M. Virchow
et avec M. Lebert, qui a fini par adopter les
idées nouvelles de celui-là. Mais il est un point
sur lequel je ne craindrai pas de me prononcer
catégoriquement, c'est que le moyen que je propose pour enrayer le mal qui occasionne le plus
de ravages, la pébrine, pourra être essayé sans
crainte. Il est peu dispendieux, et, dans tous les cas,
supposé que les faits que j'ai constatés cette année
ne se vérifient point, il n'aggravera pas le mal.
On ne risque rien de l'essayer, et peut-être trou-

vera-t-on qu'il tient plus qu'il n'a promis. Dans tous les cas, il n'est point empirique ; sa théorie est fondée sur des expériences que je poursuis depuis plus de dix années, et dont l'exactitude a été confirmée par plusieurs expérimentateurs, qui, comme il arrive trop souvent, se sont approprié l'idée sans en indiquer la source. Ne nous en plaignons pas, puisque, en somme, ils ont concouru, dans la limite de leur bonne volonté, au triomphe d'une doctrine qui, je l'espère, finira par entrer dans la science.

Sans trop de détails, il est utile, pour inspirer quelque confiance aux lecteurs que ces articles pourraient intéresser, de donner une idée des principes scientifiques sur lesquels mon travail est fondé. Rappelons donc ici, de nouveau, un court passage du rapport de M. Dumas au Sénat : « Les études auxquelles on s'est livré depuis quelques années en France et en Allemagne ont jeté un jour inattendu sur la génération des parasites, souvent microscopiques, qui vivent aux dépens des animaux peu volumineux. Leur transmission d'un être à l'autre par des œufs ou spores d'une ténuité extrême et d'une diffusion prodigieuse a été constatée. On a mis hors de doute que des maladies mortelles pour l'homme, les animaux et les plantes, n'avaient souvent pas d'autre cause, ni d'autre origine. »

Par quel étange phénomène un point de vue différent a-t-il guidé quelques savants dans leurs recherches, lorsqu'il s'est agi des vers à soie ? et par quel renversement d'idées en est-on venu à combattre l'opinion conforme, lorsqu'elle eut été franchement posée, et qu'on eut essayé d'en donner des preuves ? C'est ce que l'on ne saurait dire sans sonder les mystérieuses profondeurs du cœur humain.

J'ai donc commencé par admettre que la maladie des vers à soie appelée pébrine est parasitaire, et je me suis proposé de résoudre successivement les cinq problèmes suivants, dont l'énoncé renferme toute la question :

1° Si la maladie est parasitaire, d'où vient le parasite ?

2° Quel est le siége initial du parasite ?

3° Quelle est la nature du parasite, c'est-à-dire des corpuscules vibrants ? Sont-ils de nature animale ou végétale ? Ont-ils quelque fonction qui permette de les rapprocher des ferments organisés connus ?

4° La nature du parasite étant connue, expliquer comment il envahit la chenille, la chrysalide et le papillon, voire même peut-être l'œuf.

5° Quels sont les moyens prophylàctiques que l'on peut opposer à l'envahissement du parasite ?

Il est difficile, dans un article de revue, de donner le développement des expériences qui ont amené la solution de quelques-uns de ces problèmes. Je me bornerai donc à ceux qui ont été discutés devant l'Académie des sciences ; aussi

bien ils contiennent tout ce qu'il y a d'essentiel
pour arriver à se former une conviction ; les détails de la démonstration se trouveront dans le
mémoire que je publierai prochainement.

On sait que, pour arriver à la solution de ce
genre de problèmes, on ne peut pas toujours suivre l'ordre logique que l'esprit a conçu et que
l'on n'expose pas toujours les résultats dans cet
ordre, si ce n'est dans le travail définitif. Je con-
serverai donc ici celui qui a présidé à la publication dans les comptes rendus de l'Académie des
sciences, afin de pouvoir joindre à l'exposé les
discussions dont il a été l'objet.

Quel est le siége initial du parasite ? Etant admis
que le corpuscule vibrant est la cause de la maladie appelée *pébrine*, et que ce corpuscule est le
parasite, il était naturel de penser qu'il attaquait
le ver par le dehors ; qu'en un mot, il ne péné-
trait dans les tissus que peu à peu. Je me proposai
donc de rechercher si le corps du ver à soie à
l'état de chenille et l'extérieur des œufs ne seraient pas porteurs de ces corpuscules. M. Le
Ricque de Monchy, dont l'habileté comme micrographe est bien connue, était de son côté arrivé
à la même conviction ; ce savant avait acquis
une grande habitude dans l'examen des œufs de
vers à soie bien avant que je m'occupasse de cet
objet, et il voulut bien me montrer les corpuscules sur un lot d'œufs qui en contenaient beaucoup. On procédait comme tout le monde, comme

M. Cornalia l'a recommandé, en écrasant l'œuf dans une goutte d'eau sur le porte-objet du microscope. Pour découvrir les corpuscules que notre manière de voir supposait à la surface des œufs, un lot de ceux-ci fut lavé avec de l'eau distillée. Dans l'eau de lavage, aucun œuf n'ayant été écrasé, le microscope laissa voir beaucoup de corpuscules très-nets. Les œufs ayant encore été lavés, nous ne découvrions plus aucun corpuscule lorsqu'on venait à les écraser. Le lavage enlevait donc de la surface des œufs les corpuscules que le procédé de M. Cornalia, c'est-à-dire l'écrasement, faisait découvrir. Cette expérience était si convaincante, que je crus pendant quelques jours qu'il n'y avait jamais de corpuscules dans l'intérieur de l'œuf. M. de Monchy ayant examiné d'autres lots d'œufs, en ayant examiné moi-même de nouveaux, le lavage le plus complet, tout en en montrant à la surface, en laissait encore voir par l'écrasement. Notre manière de voir se modifia, et en définitive nous avons conclu que, s'il y a des corpuscules sur l'œuf, que l'on découvre par le lavage, il peut y en avoir aussi dans l'intérieur, que l'on découvre par l'écrasement.

Des vers pébrinés furent lavés également, assez délicatement pour ne pas les entamer, et dans l'eau de lavage il était facile de découvrir les corpuscules. Les vers lavés, piqués ensuite, se trouvaient privés de ces mêmes corpuscules. Le fait de découvrir ces petits organismes sur

pendant quelques jours aussi nous fûmes convaincus que dans le sang et les tissus de la chenille il n'y avait jamais de corpuscules. Mais, nouvelle preuve que dans ce genre de recherches, lorsqu'il s'agit de choses vivantes surtout, il ne faut jamais se hâter de généraliser, c'est qu'en examinant de nouveaux lots de vers, nous avons fini par découvrir que les chenilles les mieux lavées pouvaient, étant piquées, comme les œufs écrasés, laisser voir des corpuscules vibrants.

Le résumé et les conclusions de nos recherches, je les ai formulés dans les termes suivants (Voir comptes rendus du 13 août) :

1° La graine porte les corpuscules à l'extérieur; mieux on l'a lavée, moins on en trouve si l'on vient, opérant comme le veut M. Cornalia, à écraser l'œuf pour les découvrir;

2° Des vers, au sortir de l'œuf ou quelques heures après leur sortie, peuvent être porteurs de corpuscules; nous avons constaté le fait avec M. de Monchy; après le lavage, on peut n'en plus découvrir dans le ver écrasé;

3° Des vers tachés de pébrine, en apparence fortement malades, peuvent ne pas contenir de corpuscules dans leurs tissus, alors qu'un simple lavage permet de les découvrir à l'extérieur;

4° Des vers non pébrinés en apparence, c'est-à-dire non tachés, peuvent être porteurs de corle corps du ver a été d'abord si constant, que,

puscules vibrants, sans que leurs tissus en contiennent.

Et j'ajoutais : « N'est-il pas permis, d'après ces faits, de conclure, sans autre preuve, que la maladie ne débute pas primitivement par le dedans, mais que c'est par le dehors que le mal envahit le ver ? »

Dans la même note, j'annonçais que je publierais ma démonstration que le corpuscule vibrant n'est pas une production pathologique, mais bien une cellule de nature végétale.

Dans tout cela, il est question trois fois des vers et une fois des œufs; il semblait que l'on dût, dans une critique sérieuse, tenir compte de cet ensemble. Non, M. Pasteur d'abord, avec un ton tranchant et âpre (1) que je regrette dans un homme de son mérite ; M. Joly ensuite, mais avec urbanité, ne se sont attachés qu'à un seul point : l'expérience relative aux œufs de ver à soie.

M. Pasteur, qui ne s'était pas même préoccupé de savoir si ses assertions touchant la nature du corpuscule vibrant étaient fondées et d'accord avec les données de la science, qui n'avait jamais essayé de savoir s'il y avait des corpuscules sur l'œuf ou sur le ver, qui n'avait jamais lavé une graine ou un ver, déclara: que ma note était

(1) Voir compte rendu des 20 août et 3 septembre 1866.

erronée , que le lavage était un fait acquis à la science , que j'avais affirmé qu'il n'y avait pas de corpuscules dans l'œuf, etc.

S'il ne s'agissait pas d'une question d'un aussi grand intérêt , je négligerais la critique de M. Pasteur; mais, comme l'assurance avec laquelle il se prononce et condamne tout ce qui le contrarie pourrait en imposer aux personnes qui le croient sur parole , il est de mon devoir de rétablir les faits dans leur réalité vraie. A l'assertion que le lavage des œufs pour y découvrir les corpuscules vibrants était un fait acquis à la science j'ai opposé une dénégation formelle. J'ai montré que le lavage des œufs muscardiniques était une pratique fondée sur la notion que la muscardine était reconnue pour une maladie parasitaire ; que la proposition faite par M. Dumas , dans une des séances de la commission impériale de sériculture , de laver les graines avant l'incubation, pouvait venir d'un savant qui penchait pour l'opinion que je défends, mais qu'elle ne pouvait logiquement venir de M. Pasteur, qui avait soutenu, itérativement, que la maladie n'était pas parasitaire , que le corpuscule n'était ni une production animale , ni une production végétale, ni capable de reproduction.

M. Pasteur prétendit ensuite que M. de Monchy et moi avions déclaré qu'il n'y avait jamais de corpuscules dans l'œuf. « C'est là , dit-il, *une erreur et une erreur grave,* car elle tendrait à infirmer la vérité d'une pratique excellente, bien qu'elle soit imparfaite, la pratique de l'observation microscopique des graines. » En vérité, il faut que la passion égare singulièrement un savant, un grand savant, pour qu'il méconnaisse le progrès que nos observations ont fait faire à la méthode de Cornalia. Comment ! nous faisons distinguer les graines qui sont infectées extérieurement de celles qui ne le sont qu'intérieurement, et cela infirmerait la pratique de M. Cornalia ? Mais telle est l'habitude de M. Pasteur : il appelle erreur dans les œuvres d'autrui même ce qui est le plus évidemment bon et vrai. Après cela, je me dispense de discuter l'assertion gratuite qui me fait dire que chez les œufs les corpuscules ne sont jamais qu'extérieurs ; je me contenterai de renvoyer le lecteur aux conclusions ci-dessus et à la lettre de M. de Monchy (1), que

(1)   Montpellier, 25 juin 1866.

« Monsieur,

« Hier, après vous avoir quitté, j'ai continué mes observations microscopiques. Le résultat apporte quelques modifications aux conclusions que je tirais. Les quatre vers pébrinés que j'ai observés portaient, avant de les piquer, des corpuscules Cornalia en grande quantité sur la partie extérieure de leurs corps. Le sang de deux ne contenait aucune trace de ces corpuscules. Malgré toutes les précautions que j'ai prises à différentes reprises, et même après avoir *bien lavé* la partie du corps que je devais piquer, j'ai observé dans le sang des deux autres vers pébrinés des corpuscules Cornalia. Le ver malade que vous

j'avais déjà indiquée le 13 août, que j'ai communiquée à l'Académie et que l'on trouvera en note.

m'avez donné hier soir portait des corpuscules extérieurement ; son sang n'en contenait pas.

J'ai encore observé des corpuscules Cornalia sur la partie extérieure du corps de vers *très-sains*, en apparence du moins ; leur sang n'en contenait pas. Même observation sur des vers portant quelques traces microscopiques de pébrine.

Je ne puis donc plus affirmer que le sang des vers malades ou non ne contient *jamais* de corpuscules Cornalia.

Les conclusions définitives de mes observations générales sont :

Lorsque, d'après la méthode indiquée par M. Cornalia pour l'observation des œufs de vers à soie, on voit des corpuscules qui portent son nom, la partie extérieure de la coque des œufs porte des corpuscules. Après cette opération (le lavage à l'eau distillée), le nombre d'œufs où l'on trouve des corpuscules diminue dans de grandes proportions relativement aux observations de la même espèce d'œufs sans lavage préalable. De plus, la quantité de corpuscules observés chez les œufs lavés diminue aussi dans de grandes proportions. En lavant une partie du corps des vers atteints de pébrine, on trouve *toujours* en grande quantité des corpuscules dans l'eau qui a servi au lavage. La partie extérieure du corps de vers atteints d'autres maladies porte presque toujours aussi des corpuscules. Le sang des vers pébrinés ne contient pas toujours des corpuscules. Le sang de vers atteints d'autres maladies en contient *très-rarement*. La partie extérieure des vers *très-sains*, en apparence du moins, porte *très-souvent* des corpuscules, mais en très-petite quantité. Je n'en ai jamais observé dans le sang de ces vers. D'où je conclus que la maladie occasionnée par les corpuscules Cornalia est, quant à son origine, plutôt extérieure qu'intérieure.

J'ai cru devoir vous informer de suite, Monsieur, du nouveau résultat de mes observations, et je le fais par lettre pour ne pas vous déranger. J'aurai le plaisir de vous voir ultérieurement.

Je vous prie, etc.   *Le Ricque de Monchy.*

3

La réplique de mon contradicteur a été écrite d'un ton tel, que je me suis vu forcé de répondre par les lignes suivantes :

« J'étais absent lorsque la réplique de M. Pasteur est arrivée à Montpellier. Je n'y ai rien trouvé de scientifique. Il ne s'agit plus que d'une interprétation de textes. Je ne veux pas suivre M. Pasteur sur ce terrain. J'ai dit quel sens j'attachais au passage que M. Pasteur n'avait pas d'abord reproduit ; je me contente de répéter mon affirmation. J'ajouterai seulement que M. de Monchy, à qui j'avais communiqué ma rédaction, puisque je résumais des recherches qui nous étaient communes, a été d'avis qu'elle signifiait bien que nous écrasions les œufs lavés pour trouver les corpuscules qui pouvaient encore être dedans. Il n'y a pas eu de méprise de ma part, et la réfutation de M. Pasteur ne m'a fait revenir sur rien. »

Du reste, j'espère que l'on en sera convaincu par la suite de cette revue ; le fait de l'existence des corpuscules sur l'œuf (ce qui n'était pas même soupçonné par M. Pasteur avant mes publications), ou dans l'œuf, n'est que d'un ordre secondaire dans ma théorie. Si j'ai relaté cette discussion, c'est simplement par amour de la vérité. J'ai assez montré, par les deux précédents articles, que les œufs les plus sains peuvent donner des vers malades de la pébrine. Ce n'est pas par l'œuf, mais par la chenille que la maladie débute.

IV

Dans la note que j'ai eu l'honneur de présenter
à l'Académie pour la séance du 13 août dernier,
se trouvait le programme que j'ai fait connaître,
et que je m'étais tracé pour arriver à la solution
du problème important de la nature de la pébrine ; il n'a été publié que dans le Compte
rendu de la séance du 3 septembre. Il importe,
pour l'intelligence de la suite de cette discussion,
de rappeler l'énoncé de la quatrième partie de
ce programme ; le voici :

*« La nature du parasite étant connue, expliquer
comment il envahit la chenille, la chrysalide et
le papillon, voire même peut-être l'œuf. »*

Il importe de rappeler aussi que, dans la même
note, j'annonçais la publication prochaine de ma
démonstration que le corpuscule vibrant est de
nature végétale ; et, en effet, une note sur ce
sujet était envoyée à l'Académie pour la séance
du 20 août.

C'est dans cette succession et dans cet ensemble que gît la signification de mon travail ; ils
montrent que j'admettais *à priori* que la chenille
était d'abord atteinte, puis la chrysalide, puis
le papillon, puis l'œuf.

Après avoir montré qu'il y a des corpuscules
sur l'œuf et quelquefois dans l'œuf, répété trois
fois qu'il y a des corpuscules sur les vers, j'ai

été surpris de voir MM. Pasteur et Joly ne s'attaquer pourtant qu'au premier point, et me faire affirmer des choses que je n'avais écrites en aucune façon.

M. Pasteur s'écrie : « Il ne s'agit de rien moins, comme le dit l'auteur de la note, que de transporter le siége initial du mal de l'intérieur de l'œuf du ver à soie à l'extérieur de cet œuf. »

M. Joly, comme M. Pasteur, après n'avoir parlé que de l'expérience relative aux œufs, ajoute : « D'où l'auteur est amené à conclure, sans autre preuve, que la maladie ne débute pas primitivement par le dedans, mais que c'est par l'extérieur que le mal envahit le ver. »

En définitive, j'avais dit ceci :

« Il y a des corpuscules sur l'œuf et point dans son intérieur;

» Il y a des corpuscules sur l'œuf, il peut y en avoir aussi dans l'intérieur;

» Il y a des vers portant des corpuscules extérieurement et n'en contenant point dans leurs tissus;

» Il y a des corpuscules sur les vers à tous les âges; il n'y a pas de corpuscules dans l'intérieur des vers à tous les âges, sans qu'il y en ait en même temps d'extérieurs;

» Il y a des vers portant des corpuscules extérieurement, qui en contiennent dans les tissus;

» Le corpuscule vibrant est un parasite de nature végétale. »

Et tout cela se trouvait dans la note du 13 août. Pour comprendre ma pensée, il suffisait de réfléchir avec un peu de bonne volonté; et, si l'on ne comprenait pas bien, on devait attendre la publication de mon Mémoire, que j'avais annoncée. Car, enfin, pour juger un travail, il faut s'attacher à l'ensemble. Mais non, dans ma note on n'a voulu voir que les œufs; on a, en quelque sorte, volontairement fermé les yeux. Si tout cela était si faux, si absurde, le silence suffisait pour en faire justice !

Mais il faut entrer plus avant dans les conséquences des expériences qui viennent d'être résumées. Je dis que ces expériences constituent la preuve la plus forte que l'on puisse donner pour déterminer le siége initial du parasite. J'ajoute maintenant que, après l'avoir cherché avec insistance, jamais je n'ai trouvé de vers contenant des corpuscules dans l'intérieur, qui n'en portassent en même temps extérieurement. Si l'on pouvait me montrer un ver farci de corpuscules qui n'en portât point sur son corps, alors j'hésiterais; car, il faut bien le remarquer, lorsque MM. Jóly et Pasteur affirment que la maladie actuelle est constitutionnelle et intérieure d'abord, si la pébrine est caractérisée par le corpuscule, il faut de toute nécessité que, pour en donner la démonstration, on montre des faits qui soient exactement l'inverse de ceux que j'ai signalés, c'est-à-dire que, généralement, il faut que l'on montre des vers corpusculeux dans les tissus, qui ne le soient pas extérieurement. Il est vrai que M. Joly s'est tiré d'affaire en disant que les corpuscules que l'on trouve sur le ver viennent des poussières des magnaneries. Mais les vers sur lesquels j'ai expérimenté étaient éclos dans mon laboratoire, où il n'y avait pas de poussière des magnaneries. Dans l'hypothèse aujourd'hui démontrée que le corpuscule vibrant est un parasite végétal, dire qu'il vient des débris des vers et des papillons, ou de leurs déjections, ou des poussières des magnaneries qui en proviennent, c'est ne rien expliquer. On fait un cercle vicieux, car c'est faire venir le parasite du papillon pour le faire retourner à la chenille. Là n'est certainement pas l'origine première de ce corpuscule dans le ver pébriné; cette cause peut s'ajouter à la cause initiale, aggraver le mal, et c'est tout. Qu'on se le demande sérieusement : avant l'apparition du mal dans une contrée, où était le parasite ? Que l'on se donne la peine de relire la façon dont M. de Plagniol a décrit la propagation de la maladie!

Mais en soutenant avec M. Pasteur, aussi bien qu'avec M. Joly, que la maladie est constitutionnelle, on ne fait pas attention à une difficulté que voici : cette manière de voir est-elle d'accord avec les données les plus précises de la physiologie et avec les lois de la génération des tissus ?

M. Pasteur a admis que le corpuscule vibrant est le résultat de la transformation du tissu cellulaire du ver à soie ; M. Joly a soutenu que tous les tissus et les liquides du ver à soie subissent cette transformation. Voyons si ces deux opinions sont soutenables.

Notre collaborateur, M. Estor, a résumé, ici même, la théorie de M. Virchow, l'illustre physiologiste ; elle est applicable à mon sujet et je la lui emprunte : « Il n'y a pas de création nouvelle, pas plus pour les éléments que pour les organismes complets ; toute cellule procède d'une cellule, *omnis cellula è cellulâ*. Cette doctrine est adoptée par presque toute l'Europe scientifique. L'Allemagne est unanime, l'Angleterre la suit de près dans cette voie de progrès ; en France, de nouveaux partisans s'y rallient chaque jour. Lebert lui-même a dit : Pourquoi n'avouerais-je pas que c'est en cherchant des preuves pour réfuter l'*omnis cellula è cellulâ* que j'en suis devenu un des défenseurs convaincus. » Telle était depuis longtemps l'opinion de M. Küss, professeur de physiologie à Strasbourg.

D'après cette théorie, si dans un être vivant quelconque se forment des éléments en apparence nouveaux, ces éléments se sont formés sans s'écarter des lois générales du développement des tissus de cet être. Si dans un homme se produisent des globules de pus, des tubercules pulmonaires, les uns et les autres ne seront pas une formation nouvelle, mais simplement une dégénérescence par hypertrophie ou par atrophie des cellules du tissu conjonctif. La matière qui les constitue est chimiquement la même que celle du tissu qui les a produits.

Qui ne rirait si l'on disait que dans une tumeur formée sur l'homme on a trouvé des plumes d'oie? Cependant M. Virchow a souvent, sur des oies, trouvé des kystes remplis de plumes. L'oie produit ce qui est de l'oie, l'homme ce qui est de l'homme : voilà la loi. Concluons donc hardiment que le ver à soie produit ce qui est du ver à soie.

Les globules du pus, les tubercules pulmonaires, les globules du sang, possèdent des propriétés communes, au point de vue de la composition et des propriétés chimiques. Ce sont toujours, comme les cellules qui les engendrent, des substances de nature albuminoïde, c'est-à-dire éminemment putrescibles, solubles plus ou moins dans l'acide acétique et totalement solubles dans la potasse caustique, sauf des granulations pour le pus et les tubercules pulmonaires. Le tissu conjonctif d'où ces deux productions proviennent est pareillement soluble dans la potasse caustique.

Si le ver à soie ne produit que ce qui est du ver à soie; si les tissus intérieurs et les liquides des divers états de ce lépidoptère sont solubles dans la potasse caustique et putrescibles, si les principes généraux de la science ne sont pas autant d'erreurs, il faut que le corpuscule vibrant possède les mêmes propriétés chimiques, c'est-à-dire soit putrescible et soluble dans la potasse caustique.

M. Pasteur, qui avait à sa disposition près de deux litres de corpuscules, n'a fait aucune expérience pour s'assurer s'ils possèdent les propriétés du tissu cellulaire; car, dit-il, il m'a paru que c'est principalement le tissu cellulaire de tous les organes qui se transforme en corpuscules ou qui les produit.» Il serait inexact de dire que M. Pasteur n'a fait aucune expérience. Dans une note on trouve que « les corpuscules ne sont nullement détruits, même par un long séjour dans l'alcool. » Mais cela n'a pas lieu de surprendre : c'est l'inverse qui serait surprenant. On peut donc dire que l'assertion du savant chimiste est purement gratuite.

Voici maintenant les faits qui prouvent que le corpuscule vibrant n'a rien de commun avec les propriétés des tissus qui sont contenus dans le corps du ver à soie, et sont des productions de nature végétale, plus ou moins analogues à d'autres cellules végétales, spores, levûre de bière, etc.:

1° Les corpuscules vibrants sont insolubles et inaltérables dans l'eau.

2° Ils sont insolubles dans l'acide acétique étendu ou concentré ; ils y sont inaltérables et ne laissent apercevoir ni nucléole, ni granulations, après le traitement.

3° Ils sont imputrescibles et paraissent pulluler dans l'eau dans laquelle on broie et délaye le contenu des chrysalides qui en contiennent.

4° Ils sont insolubles dans la potasse caustique étendue ou concentrée ; ils conservent leur forme, mais ils deviennent peu à peu immobiles, comme si l'alcali les tuait (1).

Il faut insister sur cette dernière expérience, car elle constitue le moyen le plus avantageux pour la recherche des corpuscules. La marche proposée par M. Pasteur est grossière, car, lorsqu'on veut découvrir ces petits organismes dans le corps des chenilles, des chrysalides ou des papillons, on les démêle quelquefois difficilement, s'ils sont peu nombreux, des matériaux solides qui s'y trouvent mêlés. Une goutte de potasse au dixième dissoudra tout, sauf les corpuscules, qui deviennent alors très-faciles à observer.

Aucun tissu intérieur du ver à soie, soit normal, soit pathologique, formé selon la loi de Virchow, ne résisterait à ces deux dernières influences. Dans l'expérience où les matériaux d'une chrysalide s'étaient détruits par la putréfaction, où des infusoires s'étaient développés en abondance,

---

(1) Odier a nommé chitine une substance insoluble dans la potasse, que M. Berthelot a démontré être capable de former du sucre comme le ligneux. La chitine existe dans les téguments des insectes; mais, au lieu d'être sous forme d'éléments indépendants répandus dans toutes les parties du corps et de ses cavités, elle est sous forme de membranes ou de masses compactes.

la liqueur devenue alcaline répandait une odeur infecté, et pourtant les corpuscules, qui m'ont paru avoir pullulé, étaient restés oscillants et avaient conservé leur forme.

Il est donc absolument impossible de considérer les corpuscules vibrants comme des éléments anatomiques des vers à soie, ainsi que le pensait M. Cicconc; ni comme les produits de la transformation du tissu cellulaire, d'après M. Pasteur; ni du tissu adipeux et des liquides du ver, comme l'admet M. Joly.

Ces expériences concourent à faire admettre, au contraire, que le corpuscule vibrant est un végétal. Les globules de levûre de bière et de tous les autres ferments végétaux se comportent exactement de la même manière. Mais l'analogie se soutient encore lorsque l'on compare la fonction du corpuscule vibrant à celle des autres ferments végétaux; en effet, il transforme le sucre de canne en produits acides et en glucose. Pendant que cette transformation du sucre de canne s'opère, le corpuscule garde longtemps sa forme; au bout de quatre mois de séjour dans une dissolution sucrée, le seul changement qu'il ait subi, c'est d'avoir un peu perdu de sa netteté; son contour est moins accusé, ainsi qu'il arrive à la levûre de bière, qui s'épuise dans l'eau sucrée, et on finit par y apercevoir comme un noyau.

Il n'y a donc pas de doute, le corpuscule vibrant est un végétal et un ferment. La commu-

nication que j'ai faite à l'Académie de cette démonstration est du 20 août. Elle est insérée au
Compte rendu du 27. Le même jour (27 août),
M. Balbiani communiquait à l'Académie une note
sur le même sujet. Ce savant confirme, en natu-
raliste, la solution que j'avais donnée en chimiste. Pour M. Balbiani, comme pour moi, le
corpuscule vibrant est un parasite végétal.

Dans la note du 13 août, je signalais un autre
fait qui menait à la même conclusion. M. le doc-
teur Frédéric Cazalis m'avait envoyé une chenille
de grand paon, en me faisant remarquer que son
corps portait des taches noires ressemblant à
celles de la pébrine. Dans ces taches et sur le
corps de la chenille, nous avons découvert, M. de
Monchy et moi, des corpuscules semblables pour
la forme, mais plus gros, aux corpuscules de
Cornalia, mais non vibrants. Ces corpuscules
étaient dans plusieurs degrés de développement.
Des chenilles du même insecte, non tachées, ne
cèdent pas de corpuscules à l'eau dans laquelle
on les lave. Ni le corps de l'une, ni le corps de
l'autre ne contenaient rien de semblable à ce que
nous avions vu sur la chenille tachée.

M. Balbiani a, de son côté, rencontré des corpuscules analogues sur un autre lépidoptère, le
pyralis viridana. Ces sortes de productions se
rencontrent sur une foule d'autres animaux.
M. Leydig en a trouvé sur des articulés; M. Balbiani, chez des arachnides, et chez les poissons.

M. Muller a nommé ces organismes des *Psorospermies.* Les Psorospermies sont des végétaux, les naturalistes n'en doutent pas.

M. Joly, dans une note de sa brochure, nous dit, sans rapporter en aucune façon mes observations sur le même sujet : « D'après les observations toutes récentes de M. Balbiani, les corpuscules de Cornalia ne seraient rien autre chose que des Psorospermies, c'est-à-dire des parasites végétaux. Pour M. Balbiani, comme pour nous, les Psorospermies sont l'effet de la maladie régnante. » J'avoue que, pour ma part, je n'ai trouvé dans le travail du savant italien rien qui permette de le ranger dans la catégorie des naturalistes qui regardent un parasite comme l'effet d'une maladie. J'aime à rapporter l'opinion de M. Balbiani, non parce qu'elle confirme la mienne, mais parce qu'il importe que la lumière se fasse et qu'il convient de conserver à ces travaux leur signification. Or voici ce que dit M. Balbiani :

« Les corpuscules que l'on observe dans la maladie décrite sous le nom de pébrine, chez les vers à soie, ne sont pas des éléments anatomiques provenant de l'altération des parties fluides ou solides de leur économie, mais bien des Psorospermies, c'est-à-dire des espèces végétales parasitiques. » C'est précisément ce que je ne cesse de répéter depuis plus d'un an.

Toute cellule procède d'une cellule, et il n'y a

pas de création nouvelle ; voilà un principe qu'il ne faut pas perdre de vue. Les fluides du ver à soie, leurs tissus, ne peuvent donc pas engendrer une cellule végétale. Cependant, si les corpuscules vibrants, qui sont évidemment des végétaux, naissent dans les tissus du ver à soie, d'où viennent-ils ? S'ils sont des organismes vivants et se développent dans la profondeur du ver, sans venir du dehors, comme le veulent M. Pasteur et M. Joly, ils sont l'effet d'une génération spontanée, c'est-à-dire un effet sans cause. Il ne suffit pas de dire que le ver était déjà malade et que les corpuscules sont un effet de la maladie. Une telle explication nous ramènerait au temps où l'on était comme forcé d'admettre une diathèse vermineuse, pour expliquer l'invasion du *tœnia* et autres vers intestinaux. Non, il n'y a pas plus de diathèse *corpusculeuse* des vers à soie qu'il n'y a de diathèse *cestoïde, helminthoïde, trichineuse.* Selon moi il y a parité exacte. De même que le mucus dans le canal intestinal ne se transforme pas en *tœnia* ni autres vers intestinaux, de même aussi les liquides du ver à soie ne se transforment pas en corpuscules vibrants ; de même enfin que, dans le corps d'un homme, les tissus ne se transforment pas en tissus d'un autre animal, ou en tissus de végétal, dans le corps d'un ver à soie le tissu cellulaire ou adipeux ne peut se transformer en tissu végétal de corpuscule. Il faut le répéter, il est plus facile de comprendre que des plumes d'oiseau se développent dans le corps d'un mammifère, que des organismes végétaux dans le corps d'un ver à soie.

Tels sont les principes scientifiques qui m'ont guidé dans mes recherches. De tout cela il résulte que les germes des corpuscules flottent dans l'air comme ceux de tous les autres ferments; peut-être adhèrent-ils aux feuilles du mûrier, comme les ferments du vin ou leurs spores adhèrent, ainsi que je l'ai démontré, au raisin, à la rafle et aux feuilles de la vigne. Cette hypothèse, qui explique la propagation du fléau d'après le tableau de M. de Plagniol, je la vérifierai l'année prochaine. On comprend alors comment certaines chaînes de montagnes, en faisant obstacle au courant dont parlait M. de Plagniol, ont pendant quelque temps protégé certaines contrées.

Le diagnostic étant ainsi nettement posé, la maladie étant parasitaire, peut-on, sur cette donnée, fonder un traitement rationnel? Je le crois, et mes expériences de cette année m'ont fait concevoir l'espérance qu'il rendra des services.

V

Si la maladie actuelle, qui est caractérisée par la présence du corpuscule, n'est pas constitutionnelle, et si elle est parasitaire, comme tout ce qui précède tend invinciblement à le faire admettre, il est évident qu'il faut chercher le remède ailleurs que dans les errements dans lesquels on tourne depuis si longtemps.

En médecine, lorsqu'une maladie est reconnue pour être causée par un parasite, on emploie invariablement un parasiticide pour guérir le mal ; lorsque régnait la muscardine on a procédé exactement de même, parce que le mal était considéré comme parasitaire. On a tenté, sans trop savoir pourquoi et en quelque sorte en allant contre les idées dominantes, des traitements analogues contre la pébrine ; ils n'ont pas réussi. Mais cet insuccès n'a pas lieu de surprendre : un même parasiticide ne réussit pas contre tous les parasites. D'autre part, il ne faut pas perdre de vue que, le mal sévissant depuis longtemps, les vers résistent moins aux atteintes du parasite, de la même manière que les enfants cacochymes prennent plus facilement les vers intestinaux. Chez ceux-ci, l'expulsion de l'hôte étranger, qui les rend plus malades, et quelques soins, les rendent à la santé. Les vers intestinaux sont des parasites naturels à l'homme et à d'autres mammifères ; cependant tous les hommes et tous les mammifères ne sont pas sujets à l'affection vermineuse. De même les corpuscules vibrants sont des parasites naturels au ver à soie, comme d'autres parasites analogues sont naturels à d'autres insectes. La cause de la maladie était donc permanente et elle est ancienne. J'admets volontiers

qu'une génération déjà atteinte le sera plus
facilement une seconde et une troisième fois ;
mais cela même prouve que certaines conditions
physiques ont dû être réalisées, pour fournir aux
germes du corpuscule vibrant l'occasion de se
propager plus facilement. Mais la détermination
de ces conditions est du même ordre que les dif-
ficultés et les incertitudes qui entourent l'apparition des épidémies, des épizooties et de la plupart des maladies contagieuses. Malgré ces dif-
ficultés et ces incertitudes, je pense que, lorsqu'on
aura tari la fécondité des corpuscules, on sera
bien près de la guérison du ver à soie, de
même que l'on guérit certaines maladies lorsqu'on
a tué ou empêché la propagation du parasite, quel
qu'il soit, qui en était la cause.

Ne perdons pas ces principes de vue et répétons
sans cesse qu'il faut avoir foi dans les théories
fondamentales des sciences. Dans la nature tout
se tient, et son étude nous révèle dans l'ensemble
une admirable unité. Ne craignons pas de transporter au monde microscopique les théories que
nous reconnaissons pour vraies quand il s'agit
de la physiologie des êtres que nous appelons
supérieurs. La vie d'une cellule dans un être microscopique est en définitive du même ordre que la
vie d'une cellule dans un grand animal ou dans un
grand végétal. Il y a unité de plan et de fonction;
mais gardons-nous de penser qu'il y a uniformité:
voilà pourquoi le moyen qui tue un parasite ou

l'empêche de se propager ne tue pas et n'empêche pas un autre de se multiplier. Ces idées expliquent pourquoi les traitements appliqués à la muscardine ne réussissent pas contre la pébrine.

Depuis dix ans je m'occupe de la génération des ferments et des moyens de les empêcher de se développer. Ces études m'ont démontré que ce monde microscopique exerce une action immense dans la création, et que la fonction des diverses espèces, quoique semblable en principe, est loin d'être uniforme. J'ai vu que plusieurs de ces espèces se développent dans certains milieux et ne se développent pas dans d'autres; que certains agents s'opposent à la naissance de quelques unes et pas du tout au développement de quelques autres; mais il y a un agent qui possède la curieuse autant qu'importante propriété de s'opposer à la naissance du plus grand nombre des organismes microscopiques, infusoires ou microphytes. Je dis *du plus grand nombre* pour ne pas trop généraliser, quoique jusqu'ici je puisse affirmer qu'aucune exception n'est venue contrarier ma conclusion. Cet agent est la créosote.

J'ai déjà eu l'occasion de rappeler bien des fois que cette substance met obstacle, dans les milieux fermentescibles ou putrescibles, au développement des germes des ferments organisés, et n'empêche pas ceux qui sont adultes de continuer de vivre, d'opérer la fermentation et de se propager. La créosote, en un mot, empêche la germination des spores des végétaux microscopiques et l'éclosion des œufs des infusoires microzoaires, empêche par conséquent les fermentations de commencer, mais n'arrête pas une fermentation qui est en train, parce qu'elle ne tue pas l'être déjà développé et adulte.

Telle est la théorie du traitement que je propose pour guérir les vers à soie de la pébrine. La créosote n'empêchera pas le mal de faire des progrès dans un ver, si celui-ci est déjà pébriné et corpusculeux; c'est-à-dire que, si le ver est attaqué déjà par le corpuscule vibrant développé et adulte, le mal continuera ses ravages; mais la créosote empêchera les germes du parasite de germer, et par suite la propagation de ce parasite sera tarie. Il arrivera donc que dans une chambrée les vers non encore corpusculeux ne le deviendront pas, que ceux chez lesquels le mal aura eu le temps de pénétrer ne seront malades que du nombre des corpuscules qui les auront atteints, et pourront filer leur cocon. La génération suivante sera plus saine, et, les mêmes moyens étant appliqués, il arrivera au bout de peu d'années que le mal aura disparu; les parasites seront de moins en moins nombreux, parce que l'éclosion des germes aura été arrêtée à temps.

Mais cette théorie n'a-t-elle d'autre fondement que mes expériences sur les fermentations? Il n'y aurait pas d'autres faits à l'appui qu'elle mériterait, à mes yeux, d'être appliquée. Je montrerai dans mon Mémoire que le parasite opère une véritable fermentation pour pénétrer dans le ver et dans les tissus du ver ; qu'il n'est pas dangereux seulement par le nombre, mais aussi par les produits hétérogènes qu'il accumule dans les liquides du ver et qui le prédisposent à contracter plus facilement le parasite. Mais ces choses, qui touchent de près à la théorie physiologique des fermentations, n'ont pas besoin d'être développées ici. Comme je n'ai en vue que la théorie du traitement et de la propagation du parasite, je me contenterai de rappeler des expériences qui, je l'espère, confirmeront, aux yeux de mes lecteurs comme aux miens, la justesse du point de départ doctrinal.

M. Masse a présenté à l'Académie, il y a quelque temps, et inséré dans le *Montpellier médical*, un travail sur le traitement d'une dermatose de l'homme, le *sycosis parasitaire*, par la créosote. Ce jeune savant, ayant eu l'occasion de voir, dans la clinique chirurgicale de Montpellier (service de M. Moutet) plusieurs cas de sycosis, et de constater dans le bulbe des poils la présence du *microsporon mentagrophytes*, eut l'idée de guérir le mal par l'emploi de la créosote. Pour M. Masse, le microsporon (qui est un végétal cryptogame microscopique) est un ferment pathologique, un parasite qui vit dans le bulbe des poils ; d'après la théorie ci-dessus, le parasite ne devait pas être tué immédiatement par la créosote, puisqu'elle n'arrête pas une fermentation qui a commencé. Elle devait s'opposer au développement ultérieur des spores, en créant dans les follicules pileux un terrain stérile dans lequel le cryptogame ne pourrait que s'épuiser et mourir. Le succès a couronné la tentative de M. Masse. Des lavages avec une dissolution de créosote ont guéri les malades du sycosis parasitaire.

J'ajoute, maintenant, qu'il n'est pas même nécessaire que la créosote soit employée en dissolution, ou soit versée directement dans les liqueurs fermentescibles ou putrescibles, pour que la fermentation ne s'établisse point, c'est-à-dire pour que les ferments ne se développent point. Il suffit que le mélange fermentescible séjourne dans une atmosphère créosotée pour que la fermentation ne s'établisse point, pourvu toutefois, nous avons vu pourquoi, que ce mélange ne contienne pas déjà un organisme développé et adulte.

J'ai déjà dit ailleurs que cette théorie explique les expériences déjà anciennes de Huber, de Genève, et les plus récentes de M. Chevreul, qui ont vu les vapeurs d'essence de térébenthine s'opposer à la germination des haricots dans une enceinte close. La théorie est donc générale. Sans connaître les expériences de Huber, qui avaient passé inaperçues, parce que rien ne les éclairait, j'avais constaté les mêmes faits dans les fermentations, en employant la créosote. L'essence de térébenthine, le camphre, la créosote, l'acide phénique ou phénol, etc., remplissent, selon les cas, les mêmes indications.

Cette théorie, fondée sur tant d'expériences, confirmée depuis dix ans par tant d'expérimentateurs, je propose de l'appliquer au traitement de la pébrine.

Mais l'emploi des parasiticides en général doit être subordonné, lorsqu'il s'agit d'êtres aussi délicats que les vers à soie, à leur innocuité. C'est à la solution de cette question que j'ai consacré ma note du 18 juin.

Pour inspirer confiance aux *éducateurs*, il fallait pouvoir affirmer l'innocuité absolue des vapeurs de créosote pendant toute la durée de la vie de l'insecte ; et, comme il était bon de soustraire celui-ci à l'infestion dès sa naissance, il importait de savoir si ces mêmes vapeurs ne s'opposeraient point à l'éclosion des graines.

L'expérience ne laisse aucun doute : les vapeurs de créosote ne sont nuisibles en aucun temps.

L'éclosion des graines peut avoir lieu dans une atmosphère créosotée. Des graines ont été placées dans une cloche parfaitement close, dont l'espace était saturée de vapeurs de cette substance. Les vers y sont nés et y ont vécu.

Ces vers ont été élevés dans une caisse où séjournaient sans cesse des papiers imbibés de créosote. Toutes les phases de la vie des chenilles ont été parcourues dans cette atmosphère artificielle. Les vers y sont devenus chrysalides et les papillons sont sortis de leurs cocons, se sont accouplés et ont pondu.

Ces expériences de laboratoire ont duré deux mois. Dans une expérience faite sur une grande échelle, chez M. Joyeuse, à Lauret, on a constaté de même l'innocuité des vapeurs de créosote. Les chambrées où l'on a répandu de la vapeur parasiticide ont mieux marché que celles où l'on n'en avait point introduit. Je reviendrai sur ces faits dans mon Mémoire.

J'ai expérimenté surtout sur la vapeur de créosote ; je crois que c'est la substance volatile la plus utile et la plus active. Mais on pourrait tenter des essais avec l'essence de térébenthine, l'acide phénique, la benzine, la naphtaline et autres hydrocarbures du goudron de houille, avec l'huile de naphte, l'huile de pétrole, le camphre, etc. La théorie indique encore d'autres substances, que l'on pourrait employer isolément ou concurremment. Le principe admis, il est évident que parmi les composés du même ordre, ou d'ordre différent, on en pourra trouver qui permettront d'atteindre le même but.

Quant à la manière dont il convient de procéder pour organiser le service des chambrées, je ne crois pas avoir besoin d'insister longuement. Il va sans dire qu'il faudra commencer par nettoyer la magnanerie de fond en comble. Après cela, il sera utile de ventiler soigneusement. On procédera ensuite au lavage de tous les ustensiles à l'eau créosotée. Le même lavage sera pratiqué sur tous les murs, les plafonds, le plancher et les montants de chaque chambrée. Les *canisses* seront lavées de la même manière avec le plus grand soin.

L'eau créosotée qui sera employée pour ces divers usages sera préparée très-simplement, en versant la créosote dans l'eau contenue dans de grands baquets. J'estime que 30 à 40 grammes de créosote par hectolitre d'eau seront très-suffisants pour cet objet. Dans ces proportions, la dissolution sera complète et la créosote atteindra ainsi toutes les anfractuosités des objets lavés.

C'était autrefois un très-bon usage que celui de laver les graines de ver à soie, soit avec de l'eau, soit avec du vin. Cette pratique semble, d'ailleurs, favoriser l'incubation.

Le lavage des graines se fera avec de l'eau créosotée de la force qui vient d'être indiquée. Après les avoir délayées dans la liqueur créosotée, on les jettera sur un tamis, sur lequel on versera une grande quantité d'eau, dans le but d'enlever tout ce qui y adhère. On les étendra ensuite dans un lieu bien aéré pour les faire sécher, et on procédera à l'incubation à la manière ordinaire, mais dans une atmosphère créosotée.

Les feuilles de mûrier seront cueillies et con-

servées dans une chambre propre, aérée, non pas
par terre, mais sur des claies élevées et en couches
minces, afin qu'elles ne s'échauffent point. On
veillera à ce qu'elles ne soient point humec-
tées. Je crois qu'il serait utile de les laisser sé-
journer quelques minutes dans les vapeurs de
créosote, avant de les donner à manger aux vers.
C'est de la feuille ainsi préparée qu'il conviendra
de nourrir les vers dès leur naissance (1).

Pour répandre les vapeurs de créosote dans
les chambrées, il suffit de profiter de la tension
propre de la vapeur de cette substance. Pour en
charger l'atmosphère, il suffirait de suspendre,
dans plusieurs points convenablement et régu-
lièrement espacés des chambrées, de petits vases
plats sur chacun desquels on placerait un frag-
ment d'éponge en partie imbibé de créosote li-
quide. J'estime qu'un gramme de créosote par
100 mètres cubes et par jour suffit amplement. Il
faudra, d'ailleurs, que l'odeur franche de la substance volatile soit nettement perçue dans chaque point de l'espace occupé par les vers. Il faudra
aussi, sans doute, en employer moins au com-
mencement et un peu plus à la fin, à mesure que

(1) La feuille de mûrier qui se trouve dans une atmosphère trop créosotée brunit, les vers ne mangent
pas cette feuille ; mais celle qui a séjourné dans une enceinte où la vapeur n'abonde point ne change pas de
couleur, et les vers la mangent avec plaisir.

les vers grandiront et qu'ils seront plus près de la montée, car on sait que c'est à la dernière mue et surtout au moment où le ver va se chrysalider qu'il faut veiller le plus ; c'est le moment le plus favorable à l'invasion du parasite, à cause du changement profond qui s'accomplit dans l'insecte, et parce que la chenille emprisonne avec elle, dans son cocon, le parasite qu'elle porte sur elle avant de le contenir dans ses tissus.

Dans l'état sauvage, les vers à soie peuvent être exposés à la pluie. Il m'est arrivé bien des fois de laver des chenilles avec de l'eau faiblement créosotée, sans les empêcher de continuer leur développement. Il y aurait à tenter cette manière de procéder, au moins pour les vers que l'on voudrait destiner au grainage.

Enfin on fera grainer dans des chambrées spéciales dans lesquelles on maintiendra pareillement une odeur franche de créosote. J'expliquerai dans mon Mémoire comment il conviendra d'examiner les graines et de les conserver.

9 782019 991135